目次

關於封面

這一期的封面主角是蔬菜類的土當歸。
雖然是攝影師日置武晴選的食材，
到底要怎麼拍，還是讓人有瞬間的不安。
白白的、看起來土土的土當歸，
當作封面的主角，怎麼看都很不起眼，
不覺得會上相。
結果變成現在看到的樣子。
沒想到土當歸有紅色的部分、絨毛，甚至是節。
真的是抓得太漂亮了。

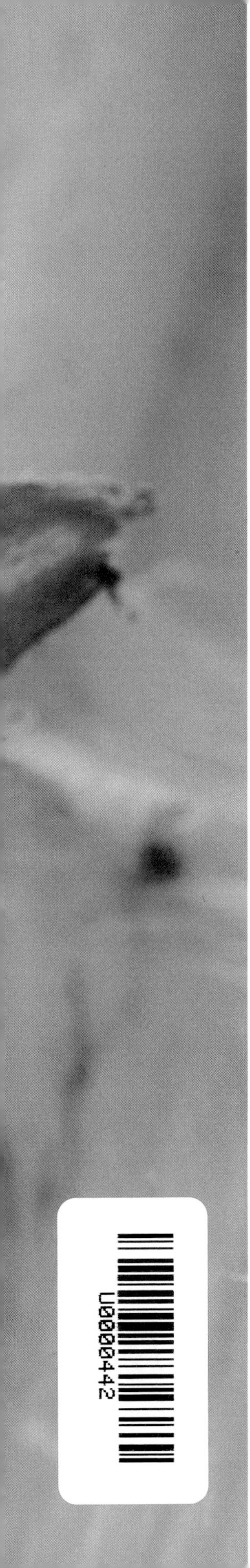

特集

回憶的寶物

生命中有忘不了的回憶
用錢也買不到的寶貝
我們向藝廊、書店、雜貨舖邀稿
分享「回憶的寶物」
結果得到許多迴響
我們也請教了建築家
中村好文先生的百寶箱（如圖）
打開了回憶的大門
寶物與故事
映照著不同的人生
各自閃爍發亮。

SINGER

建築家中村好文的百寶箱

攝影—日置武晴　翻譯—褚炫初

翻閱中村好文著作《居住的風景》時，我被其中一張照片給牢牢吸引。在一個被稱之為「玻璃展示箱」的箱子裡，整齊排列著石頭、老舊的竹尺等物件，並寫上「對我來說這裡裝的全是無可取代的寶物」。

這個企劃的靈感，就是來自那個玻璃展示箱。

「這顆石頭的圖案，就像抽象畫一樣漂亮吧？這是我在南法靠近義大利邊境的芒通海邊撿到的，我好喜歡上面的那條白線。」

喜愛在旅行途中到海邊撿石子，所以有一大堆石頭，中村好文講得興高采烈，眼神就像個少年。

他講起撿石頭的樣子，讓人覺得無論到大學講課，或是參加建築工作會議，對中村好文來說，都是一樣的。

在建築家中村好文的內心深處，那個生長在千葉縣海邊，在大海裡游泳、爬到樹上找個舒服地方窩著的少年，好文同學旺盛的好奇心，至今都沒有改變。

「不管東西是撿來或買來的，在我心中的價值沒有高下。重要的是可以從中學習到什麼，以及，它是不是美的。只要覺得可以成為創作的靈感，我就會暫時保存在這個箱子裡。所以這個箱子不但是個百寶箱，也是我保管教材的地方。」

把鑄鐵的腳踏老縫紉機回收利用，特別訂製成玻璃展示箱。開閉式的玻璃蓋之所以傾斜，是因為想讓它像雜貨店的糖果箱一樣。鑄鐵的腳架與箱子，全都塗上了灰藍色。

陳列的物件，會隨著當下的心情慢慢調整。我們造訪的時候正值盛夏，因此展示了很有「夏天」風情的蟬以及海膽的空殼。

箱子裡的寶物（請參照2～3頁　左起）

●望月通陽的羅賽塔石碑。陶製品，上面記載了約伯記38章。細緻的文字是由望月先生親手寫的。

註：羅賽塔石碑是1799年在埃及羅賽塔發現的花崗岩石碑，上面刻了埃及與希臘文。約伯記是用希伯來文書寫，被收錄於舊約聖經。

●在英國買的夾子。

●蟬。右側為南法的胸針。左側是在台灣買的翡翠玉蟬。故宮博物院館藏的複製品。因為喜歡蟬，所以看到就會買。

●海膽的空殼。在地中海潛水時撿回來的。

●湯匙。英國18世紀的銀湯匙。據說英國製的都會有刻印。

●阿拉伯式手的雕刻。在「古道具　坂田」買的，羅馬時代的殘骸。

●南法海邊撿到的石頭。

●天使的香皂。購自法國。

●葡萄酒開瓶器。100年前英國製的攜帶型開瓶器，至今仍可使用。鑄鐵製，但為了攜帶安全所以做成摺疊式。

翻譯—Frances

◎高坂光尚（宣傳／北海道）

存錢筒

從懂事之後，就很喜歡這個陳列在架上宛如小提包的存錢筒。這是接收自比我年長的姊姊的物品，大概已經有40年了。現在裡面只存銀色的硬幣。

睽違許久之後，用鑰匙打開來看一下，滾出的都是50元硬幣，有6枚。這是從1968年到1976年發行的硬幣。儘管沒有特別意識到，而我卻像是將時間鎖在時光膠囊裡一樣。我隱約想起了存進零錢之後再打開，拿去買東西吃了，再把找零存進去的陳年往事。

◎星野佳苗（cohako／千葉縣）

手作童裝

我有兩個7歲與6歲的女兒。回到老家時，媽媽為孫女準備了衣服，包括流行的洋裝、浴衣，自己編織的毛衣小洋裝與背心。還有收在衣櫃深處30年以上、我與姊姊穿過的復古衣服。那是擅長裁縫的媽媽做給我與姊姊作為外出穿著用的裙子和背心。隨著女兒們的成長，每年都會把那些衣服拿出來。布料既沒有受損，看起來很活潑的紅色，樣式非常可愛。女兒們想要看起來很漂亮的時候就會穿上它們。

對了，因為我姊姊家裡是兩個兒子，或許媽媽也對我有所期望吧？即使女兒們以後穿不下了，我也一定會好好地珍惜這些衣服。

◎太田蒔見（雜貨NAZUNA／和歌山縣）

橄欖樹

客廳的窗外聳立著我家的代表樹「橄欖」。從約30公分的小樹苗，經過11年長成了大樹。這棵樹是11年前作為長子誕生的紀念樹而種下的。之後，喜迎了次子、長女，一起歡笑、哭泣、開心、吵架……。一直守護著家中成員的成長。

希望小孩子健康地長大，直到可以爬上這棵樹。而且，在這棵樹前面的客廳，也實現了我的夢想，變身為生活用品的店鋪。現在這棵樹看見許許多多來到店裡的客人，一定也會覺得很驚訝吧！每天拉開窗簾的時候，我都會對著它說：「今後也請一直一直守護我們喔！」

◎濱邊令
（Less／北海道）

玩具箱

還是小孩子的時候，父母的友人送給我們這個長椅形的玩具箱。儘管漆成綠色的木製玩具箱很質樸地靜置在那裡，卻讓人覺得有著不知來自什麼國家的味道。我不知道為什麼還是孩子的自己會有那樣的感覺，但因為有那樣的感情，對我來說是很特別的物品。

打開椅面的蓋板，就變成可以收納的箱子，我總是把喜歡的玩具收在那裡面。只靠一字軸就能蓋起的蓋子，不知道為什麼會去玩它、把頭向內探，所以小小的手和頭常常被夾到。

現在我3歲與1歲的女兒有時候也和以前的我一樣，玩那個箱子玩得很開心。

◎宮脇純子
（Patio／香川縣）

沙漏

4年前的夏天，我用青春18的車票到中國、近畿地方去旅行。在道中的海邊，發現非常漂亮的沙子，我就用寶特瓶裝了些帶回家。

偶然看到某本書上寫，有一家玻璃工作室可以把充滿回憶的沙做成獨一無二的沙漏。我立刻聯絡上那家工作室，把沙子送過去。決定形狀與尺寸後，等了一個月。

只屬於我的沙漏送來了。那是高度10公分左右的3分鐘計時器。我非常喜歡它簡單的外型，把無法忘懷的重要時刻與回憶封在裡面，這是只屬於我的寶物。

◎犬石芳子
（mardle-marble／鹿兒島縣）

三個紅色小盒

我是三姊妹的大姐，因為各自年齡不相仿，所以我們沒有共同的甜蜜玩樂時光或是吵架的記憶。這樣的我們一直擁有唯一相同的物品，是父親給我們的禮物「紅色小盒」，但我們對這個盒子也沒有什麼特別的回憶。

隨著我們三人年齡漸長，在這個盒子褪成了好看顏色的十年前，第二個妹妹病倒了，一個盒子隨著妹妹離開這個世間。剩下的兩個盒子收起了悲傷與各種的想念。現在盒子放在某處像是護身符一樣，是無可取代的寶物。

◎井手純子
（JUN kobo Cafe／靜岡縣）

手作人偶

8年前生長男希的時候，我的母親做給我這個娃娃。當時這個短髮、穿著迷彩服裝的男孩，有著令人有點驚訝的品味，而且模樣充滿復古感，我一邊苦笑地稱他為「希娃娃」，將它加入玩具箱裡的玩具行列。去年生女兒的時候，這個娃娃變身成有著毛線做的長頭髮（後來剪成了妹妹頭），穿著碎花洋裝的女孩娃娃。這是五個孫子中唯一的女孩兒，所以她太開心，就做成了這個有趣的模樣吧？

雖然覺得有點昭和時代味道的「可愛土氣」，卻很喜歡，我想女兒也會想要好好珍惜它吧！

◎村松尚美
（addition neuf／靜岡縣）

墜飾

這個墜飾是十幾年前，美國的牧師說「請把它當作護身符」送給我的東西。只要戴上這個墜飾，不自覺地就會覺得很平靜。或許會有這樣的感覺是因為這是牧師將他所擁有的東西送給了我。這個十字架讓我重新體會到想好好珍惜與人或物的相遇的感覺。與當初得到時相比，想要好好珍惜的心情與日俱增，它成了宛如護身符般的寶物了。

◎清水小百合
（小鳥／靜岡縣）

生鏽的錢幣

這是以前越過地中海到達北非的羅馬人所使用過的錢幣。我第一次海外旅行去到突尼西亞，在博物館和遺址工作的人把這些錢幣當作禮物送給我，還說「在路上掉了很多」或是「這和剛剛展示室看到的應該是一樣的喔！」甚至說「不用道謝，吻頰就可以了。」即使語言不通，但卻能夠理解他們所說的話，真的是很不可思議。

旅途中也不盡然都遇到好人，也有遇到危險的時候。儘管如此，浮現在我腦海的卻只有帶著一點靦腆而開朗的笑容。雖然是經過兩千年、生鏽了也變得有點破爛的錢幣，偶而還是會想沉浸在當時雀躍的心情中，再次重新回味。

◎森薰
（Relish／京都府）

橘色的秤

我在京都大山崎這個小城鎮裡開料理教室。我覺得這個便宜的秤，彷彿象徵我現在工作的原點。

原是鑰匙兒的我本來下課後會待在學童保育處，到了高年級可以提早回家之後，開始對料理產生興趣。那時候，我家終於有了小烤箱和秤。那時我很羨慕朋友們都有一台可以烤鬆餅的玩具「媽媽料理爐」（譯註：

1969年朝日玩具發售的廚房玩具，可插電，並附有平底鍋可以烤鬆餅），拜託媽媽買給我，但媽媽毫不理會地說「不行，反正你很快就會膩了」。不過媽媽倒很乾脆地買了秤和小烤箱給我。然後從那天起，我就開始了我的「料理家家酒」。

◎濱田始（GALLERY H／東京都）

櫸木

因為喜歡這棵樹所在之處，在開設畫廊時，就選了這棟建築物。不知道是多久以前種下的樹，設計這棟房子的建築師雖然已經過世，但他是在這個地方出生長大的。他造了一個宛如圍著這棵櫸木的庭院，蓋了擁有大窗戶的房子，據說是他從小的夢想。

在這裡生活之後，時常會注意到這棵樹。映照進來的光影、風、顏色、聲音……。正呆望這美麗的樹時，同樣的有人從外面也看著這棵樹，忽地走了過來。不管怎樣，在這棵櫸木樹下，似乎可以度過悠閒而美好的時光。

◎田尻久子（orange+橙書店／熊本縣）

種子

比我年輕的朋友對我說：「請空一天的時間給我。」她那時候身體很不好。我帶著藍色的書與在院子裡摘下的薄荷當伴手禮去找她。那是個晴空萬里的日子。

我們悠閒地聊天，要回家的時候在玄關發現排著種子的盤子，我想起了她已經過世的父親是個收集種子的人。

不知道為什麼，我很想要那些種子，問她是否可以給我一個，她笑著回答不管哪個都可以給你喔！當時沒想到那是與她相處的最後日子，我們一起笑了。

我已經不記得我們聊了些什麼，只記得抬頭看見天空的藍與拿在手上薄荷的綠，還有棕色的種子而已。

◎伊藤幹子（書籍販售窗口／秋田縣）

相框

住在京都的時候，經常去一家小二手衣店。在狹小的店裡，一定有自己喜歡的東西。

好像是完全看穿了自己會喜歡的東西，於是我決定只在這裡買衣服。

有時候提袋裡會藏了小小的軍用罐子或T恤，那是買的還是送的？已經搞不清楚了。物品本身的美不在話下，這個相框還讓我想起了在非常喜歡的店裡流連忘返的愉快回憶。

◎中村直美（susiee cooper／北海道）

賽璐璐的筆盒

這個盒子出現在從媽媽還單身的時代就開始用的裁縫機裡的抽屜。然後就變成了我的東西。問媽媽這盒子的來歷，她不太確定的回答「小學時候（1945年）的東西吧？」我高中的時候，非常喜歡這個盒子，每天帶去學校。媽媽年輕時候用的金色發條式手錶，或者鞋子絕對是黑色的繫帶鞋等，還有大貫妙子的相簿等，都是「絕對」喜歡的東西。

「直美好奇怪。」朋友這麼對我說。我只是有很多喜歡的東西，只對喜歡之物始終如一而已。後來遇到當時的朋友，大家眾口一致說：「直美果然是會開雜貨店的人。」

◎尾崎忍
（花園麵包店／三重縣）

兒時的鞋子

我的寶物是小時候穿過的這雙鞋子。我很中意這個特殊的紅色與皮革的組合。為了便於區分左右腳的綠色與紅色的印記也非常可愛。

因為很喜歡，好像總是穿著這雙鞋，在媽媽仔細的保管下，以漂亮的狀態沉睡在鞋盒裡。然後我自己的孩子在外出時也穿上這雙鞋，後來也很小心地收藏著。

現在則是好好地把它放在店的入口處，很像模仿安曇野的知弘美術館，把它當作這裡請拖鞋的告示一般。客人如果注意到這雙鞋，常會笑著打開話匣子。

◎伊藤宣子
（ARINCO點心店／長野縣）

傳統秤

父親不知道去哪裡工作，母親因為重病長期住院，小學生的姊姊埋頭在自己的嗜好裡，剛出生的妹妹則是在托嬰中心。一家離散半年後，想起時，已經在德國了。那是在當地學校無法無天的年紀，一回到家，在家中療養的母親正在烤蛋糕，好香的蛋糕香，因為很開心，一直看著。

那時用的秤是之前的住戶留下的。自己後來會做蛋糕，直到出社會之前，都是用這個秤來量材料。因為沒有秤盤，會變得很小心，從來沒有量錯過一次。

在德國5年，之後搬過好幾次家，這個秤總是跟著我們。現在放在櫃子的最上層。這個秤的最小單位是1公克，最近發現，搞不好這個秤可以秤信件呢！

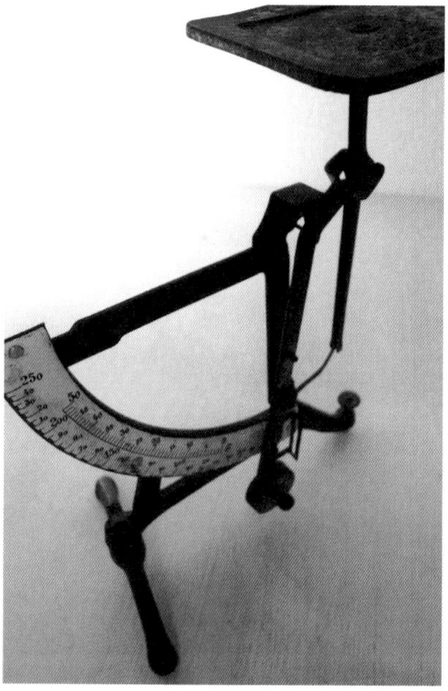

◎杉村有子
（sonrite／愛知縣）

音樂盒與信紙

這是小學的時候，父母買給我的木製音樂盒。轉一下音樂盒有點生鏽的旋鈕後，就會流洩出〈慕情〉的旋律。一直放在裡面的是媽媽讓給我的戒指、耳環、手環和胸針。中學時代的3和9的班級名牌布。還有來自兒時同伴寫給我的信也夾在至今仍有著鮮艷紅色的中蓋裡。

場所：有很多石頭的草原，時間：下午一

點，帶著的錢：約三百元。這些內容寫在當時很受歡迎的水森亞土的插畫便條紙上。這是將連繫著一直都沒再見面的兒時同伴與我的重要物品。

◎石村由起子
（胡桃木／奈良縣）

烤餅盤

在我出生的故鄉讚岐的某些地方有一種叫做「烤餅」的點心。那是一種只混合了麵粉、蛋與砂糖，非常樸素的點心。不過當奶奶端出用這個烤餅盤做出來的烤餅，好吃到讓人下巴簡直都要掉下來，那是每天最幸福的時刻。因為太好吃了，在小孩子的心中都覺得「奶奶是天才」。

現在的食物堆積如山，不禁讓人懷念起抱著感恩的心情吃各種食物、珍惜地使用器物的時代。然後忍不住在此時此刻，又再度感嘆那真是一個美好的時代啊！

◎田中博子
（MITSUBA／大阪府）

音樂盒

小時候奶奶送我這個木製的音樂盒。音樂盒裡有個迷你的芭蕾娃娃，打開音樂盒，就會轉圈跳舞。音樂盒的曲子是〈七個孩子〉。長大以後偶而打開來看看時，彷彿也打開過去居住社區的情景，例如媽媽做的好吃點心、打赤腳在走廊上奔跑、受傷時塗的消毒藥水讓人很痛很痛等，都是沒什麼特別的日常生活情景。想起了那些被保存下來的平靜時光。

◎兼谷陽子
（SABI／群馬縣）

茶道具袋

第一次練習茶道是在小學三年級的時候。之後幾乎持續了二十多年，應該是樂在茶道學習的緣故吧！當時老師為了盡可能讓父母不要有負擔，建議媽媽自己做茶道練習用的道具。不過茶道很多都是特殊製作的道具，要手做是很難的。

我和媽媽去買布，自己手做的是這個放扇子的道具袋。袱紗（譯註：綢巾，用來擦拭茶道具的布巾）和小袱紗（譯註：只有袱紗的四分之一大小，鑑賞茶具時所用）也自己做。邊緣縫的有點斜，很像是媽媽會做出來的樣子，但這茶道具袋卻是蘊含許多回憶的寶物。另外從袋子裡一起拿出來的是各種圖樣的懷紙（譯註：茶席中用來分裝點心的紙）。看了這些紙上的圖樣，當時各種回憶浮上心頭。

◎菅野沙也加
（Room hair & organic works／沖繩縣）

蠟筆

這是小學低年級的時候，家裡買給我和妹妹一起用的蠟筆。各種顏色的蠟筆，裝在三層的盒子裡，洋溢著「舶來品」的氛圍。只用一種藍色也能畫出與日本蠟筆不一樣的顏色感，

讓人很驚訝。很努力的著色時，會「啪」地斷掉，即使很小心，也還是在忘我地使用時折斷了。不管是著色或是畫圖，用這個蠟筆的話，都會顯現出明亮的感覺。我會不停排列組合這些蠟筆，不斷地打開來看。雖然盒子已經破破爛爛，也少了好幾支，但現在這仍是我對色彩感受的原點。

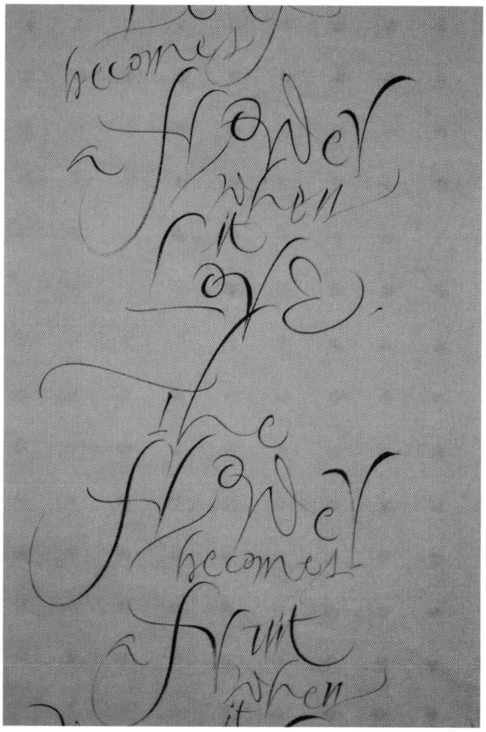

◎梶田智美
（coffee kejita／愛知縣）

藝術書法

某次，我為了用茶會的方式舉辦咖啡會，想要一個掛軸，便去拜託朋友淺岡千里。她爽快地答應用藝術書法來幫我寫。在我們認真討論想要寫什麼時，想法也變得更加契合。

約三週之後，「如果可以提供你作為點心造型的參考」，她給了我一張草稿。她每天寫十張，以便可以寫出流利的線條，就在一邊討論的同時，這項作業也更加有進展。纖細而躍動的文字，與其說反映出她的意識，不如說語言文字透過她的呈現，以如此美而有力的形式打動人心。

引用泰戈爾的詩，

The leaf becomes flower when it loves.

The flower becomes fruit when it worships.

這是將我想要表達的情感輪廓清楚地展現出來的寶物。

◎佐竹育子
（sa vie sa vie／愛媛縣）

木鉢

總是放在廚房腳邊的「舊木鉢」，是結婚那年的生日，即將成為丈夫的他買給我的。結婚之後15年，總是放在廚房的腳邊，把什麼菜都丟在裡面。他在偶然經過的古董店裡，被推薦破舊的東西最棒了。現在想起來，覺得「應該是被敲竹槓了」，也只能莞爾。完全對這種舊貨和老東西沒興趣的先生買了這個給我，是我非常珍惜的回憶。

這個「舊木鉢」與因為「這是百看不厭，會一直喜歡的東西」這種不切實際的形容，而買下這個木鉢的先生的回憶，至今仍是無比珍貴。

◎內野敏子
（白詰草／熊本縣）

量尺

這個量尺是第二個，我已經用了二十年以上了。從美術、設計的世界轉行到建築時，老師教我，為了要愉快地工作，帶在身邊的工具要是中意的設計，於是我百找千尋選到了BMI。如果沒有它，就無法冷靜的必備寶物。託這量尺的福，不管是建

築、家具或空間，只要跟大小有關，我的身體已經到了能夠用厘米單位來判斷尺寸。

這是從我二十多歲開始就支持著我的工具。擺著很美，加上顏色也是我喜歡的紅色，用的時候嘴角不自覺都會上揚。雖然是在迎接新生活時成為我的助手，之後更加深得我心，現在一定也是一邊發出好聽的聲音發揮功用，與我一起創造出新的回憶。

◎小田加代子
（HARMONICS.／北海道）

奶奶的戒指

奶奶過世已經兩年，看到這個戒指就像看到奶奶一樣。她是我很愛的人，而且她也是少數無條件地打從心裡愛我的人。出生後23年間，我們都一起生活。她是看起來比實際年紀年輕，總是開朗呵呵笑的人。生病之後，就一直往來醫院，情況惡化時就開始住在醫院裡。當她變成臥病不起的狀態，就把這個戒指拿下來。而且是醫生用老虎鉗從她腫脹的手指剪下。雖然她有很長的時間無法回應，但握她的手時，她會回握，用拇指靜靜地撫摸我的手指。我覺得能夠握著手送她離世，真的是很幸福。很慶幸能夠當她的孫女。我一直把戒指放在客廳視線所及的地方。

◎原田晴子
（HARUKAGO／新潟）

抹茶碗

這是從我二十歲左右就一直很照顧我的茶道老師送給我的抹茶碗。前年老師過世，所有弟子都分到茶碗。我還記得老師第一次帶我去茶會的時候，身上的大島與相良刺繡的和服腰帶好好看！練習的時候，對於最年輕的我來說可能很困難，但是每天都很快樂，因為老師都會多分一點茶點給我，或是教我香道的聞香。

對母親早逝的我來說，能夠擁有成為社會人的自信，都是來自於茶道。恩師逝世也已經6年了，經過許久之後再這個茶碗拿出來，思緒也隨之百感交集。（出處：笠原窯，西川勝己，鼠志野）

◎岩上杏子
（YEBISU ART LABO FOR BOOKS／愛知縣）

自然手帖（書）

現在已經找不到，我從老家的書架找到這一本。父親看到我數次將它從書架上抽出來翻閱的樣子，便帶著一點不捨的表情，把這本書讓給我。這本書寫著《自然手帖》，是由串田孫一、尾崎喜八等6人輪流在報紙連載集結的圖文集。

我特別喜歡的是串田孫一所寫的「藍色鼻子」這一篇。文章寫的是與一種在頭上長了像天狗一樣凸出物、樣子很奇怪的小蟲極短暫的接觸。在稿紙上畫著兩個人（一個人與一隻蟲）像是在擊劍般的樣子。雖然是稻作的害蟲，但我覺得這隻蟲好可愛。從兔子或貓頭鷹等野生的動物，到

路邊生長的野草野花和蟲子，出現各種生物也很有趣，但都比不上寫作者對於生物的無比親切而客觀的眼光，讓人覺得心都放鬆了，是我非常重要的寶物。

藤製提包

◎寺井清美
（Hugcafe &葉子／福岡縣）

小學六年級的時候，媽媽買給我的第一個專屬包包。我很喜歡這個四方形的提包，開心得不得了，郊遊的前幾天就開始裝東西。現在想起來真是愉快的時光。家族旅行或是外出時，也會帶著這個提包。當看著這個提包時，彷彿還嗅聞得到當時大家一起出遊時，山裡的空氣、炎熱夏天裡的蟬鳴聲、收音機體操的音樂，還有與兒時玩伴每天都會去的游泳池。現在雖然裡面裝的是「小時候的信和喜歡的東西」，但仍是我珍貴回憶的寶物。

這個場所

◎巽美智子
（vokko／滋賀縣）

我的寶物是位在琵琶湖畔的店舖「所在地」。大約十年前，去拜訪某家設計公司的時候發現了這個地方。在草原旁邊，遺世獨立的小小建築與大大的樹，感覺好像會有龍貓跑出來。就在我開始想著總有一天要擁有自己的店時，不由自主地幻想著這個地方真適合啊！結婚後，夫婦一起將開店的夢想與現實連結時，最先浮現在腦中的就是這個地方。不過聽說地主既不想賣也不想出租，雖然有去找其他地方，但就是無法將這個地方從腦中抹去而煩惱不已時，丈夫看不過去，就直接找地主談判。

然後事情開始有了進展，轉眼間，十年前的空想要實現了。

這是不可思議的緣分。這個地方讓我體會到人的溫暖與親切，還有自然的美好之處。今後也將編織大量的回憶，希望這個地方也能成為來此處拜訪的人心中「特別」的場所。

手作書

◎中川知惠
（In-kyo／東京都）

實際上，我有某種稍微冷靜看待的特質，所以比起喜歡物品，好像並不會很執著於物品本身，就是所謂的「回憶比物品更重要」的意思吧！

因此，還小心保存在我手邊的是自己手做的《CoffeeBook》。那可以說是我寫文章，後來從事與書有關工作的契機。這本手作書裡有文章、把自己拍的照片彩色影印後貼在上面，非常類比式的做法。那裡面很單純的包含了想要把自己覺得有趣的事物傳達給某人的情感，是一本文庫本尺寸的小書。

指尖大小的超迷你玩具磨豆機，是我在荷蘭旅行時在小鎮的玩具店裡找到的。轉動把手，就會發出老練的「喀哩喀哩」聲。那是我剛出第一本書後不久的旅行紀念品。對我來說，

兩者都是為了提醒自己不要忘記初衷而留在手邊的寶物。

◎佐藤雄一
（北書店／新潟縣）

老書架

今年春天，我在新潟市開了「北書店」這家賣新書的書店。這裡所用的書架，全部都是從以前工作的書店搬來的。我工作了14年的書店「北光社」在一月底關門了。我很喜歡那裡所用的東西。老舊的木書架支撐著我資歷尚淺的選書與這家店。如果沒有用那些書架板與物品，就不可能開成這家新書店。不管是資金上甚至是精神上都是如此。

在兩個月半的短暫準備期間，找房子、完成各種契約，在「北光社」即將關門之前，我對著暫時放在新店裡堆積如山的東西說「暫時拜託了」。連成為回憶的閒功夫都沒有的這個書架，今天也要和我一起迎接顧客了。

◎梅崎枝見子
（craft的店　梅屋／福岡縣）

賽璐璐的縫紉盒

在圓滑美麗線條的蓋子上，畫著梅花與芥子人偶的圖樣。這是母親用了三十多年的物品，裡面放了線、捲尺、針插、刮板、剪刀等。現在成了我珍貴的寶物。

小時候母親會說「把手借我」，我就伸出雙手當成捲線軸，幫忙把線捲成線軸。縫紉線大多是白、黑、紅三色，線的包裝紙上印著用日文字「へのへのもへの」組合成的商標圖案，當線變少之後，就會出現「女士的縫線　我的縫線，笑著使用，大家也笑容滿面」字樣。

令人懷念的小工具們。

◎表田典子
（gallery／千葉縣）

女兒的畫

這是女兒3歲的時候，在幼稚園的畫畫時間裡，用水彩畫具畫出來的圖畫。剛看到這張在大大的畫紙上隨意畫上的圖時，我非常感動。藍色與綠色微妙的差異好美。在畫裡面還寫上了女兒名字的第一個字「ま」。橫線畫了四條，最後的彎折畫得卷卷的，形成好幾個重疊的圓，與其說是文字，更可以看成宛如是在畫裡的花紋。

我想要把這幅畫一直保存下來，於是裁掉部分圖畫紙，裱框之後掛在女兒的房間裡。

現在女兒已經是高中生了，看著這幅畫的時候，總是會想起她三歲時的樣子，讓我對孩子的成長充滿喜悅與感謝之情。

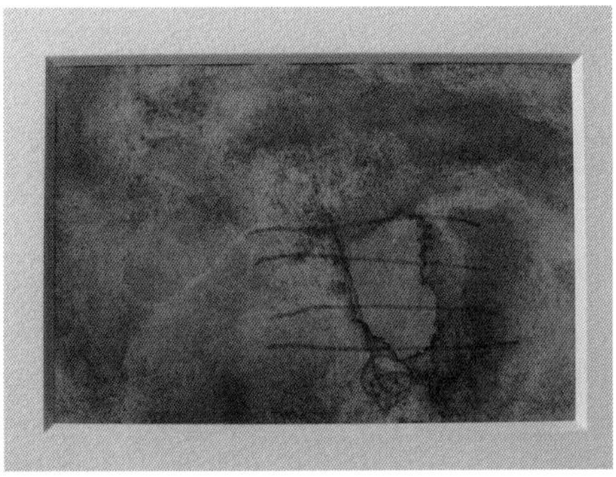

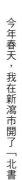

日日夥伴的寶物

攝影──Evan Lin

◎嶺貴子
（Nettle Plants／台北市）

堇花懷錶

小學六年級的時候，全家到瑞士的茵特拉肯（Interlaken）旅行。在那個以時鐘聞名的城市裡，街上有許多鐘錶店。這個懷錶就是那時父親買給我的。這是可以穿上鍊子掛在脖子上的樣式，小時候我總是戴著它。到了國高中生的年紀，因為不符合時尚潮流，我就沒再戴它，但一直珍藏著，把它收在寶石盒裡。後來到國外留學、結婚，甚至搬到台北的時候，不知道為什麼我總是帶上它，宛如我的護身符般的寶物。

現在已經沒有什麼小時候的記憶了，但在家族一起旅行的回憶中，這趟瑞士之旅與這個堇花懷錶卻讓我記憶深刻。

◎王淑儀
（譯者／台北市）

「野狗小黑」鬧鐘

小時候爸爸好像偶爾會去日本出差，總會帶一些神奇的文具、玩具回來給我們。現在看來其實一點也不神奇，就是沒看過的卡通人物，在當時的我們眼中閃閃發光。

這隻「野狗小黑」（日文原名のらくろくん）鬧鐘也是這麼來的。「野狗小黑」叫人醒來時會先吹一段喇叭，再大聲喊一段以「早安」（おはいよ）為始的台詞，按掉後也再喊一聲「今天也要打起精神喔！」（今日も元気でね）小時候雖然聽不懂，卻還是覺得非常逗趣。

牠一路伴隨著我從國小開始一路到完成學業，中間搬去宿舍、搬回家到現在離開家自己住，打包時總沒忘記帶上它。只是為何爸爸會將它給我，而非哥哥或妹妹？我好想知道他當時的心意。

◎王筱玲
（編輯／台北市）

銅鈴鑰匙圈

這是我高中的時候，和外婆、小舅舅一家三口到中部的九族文化村玩時，外婆買給我的紀念品。小時候因為父母都要工作，所以我常待在外婆家。直到進入青少年叛逆期的高中，也仍和外婆很好，還會跟舅舅家去旅行。大學快畢業之前，外婆生病住院，家族中大人們都要上班，因此我常常在醫院陪她，當她的看護，聽她講許多過去的事情。外婆過世的那天，我在上班，直到回家才知道已經彌留的外婆剛剛被送回來了，家中哭成一片。來不及道別的外婆，留下許多遺物，但是親手交給我的東西就只有這個銅鈴鑰匙圈。

從那時候開始，雖然銅鈴有點重，但是我裝上鑰匙每天攜帶，沒有一天遺失過。二十年多來，像是護身符一樣隨時帶在身邊。

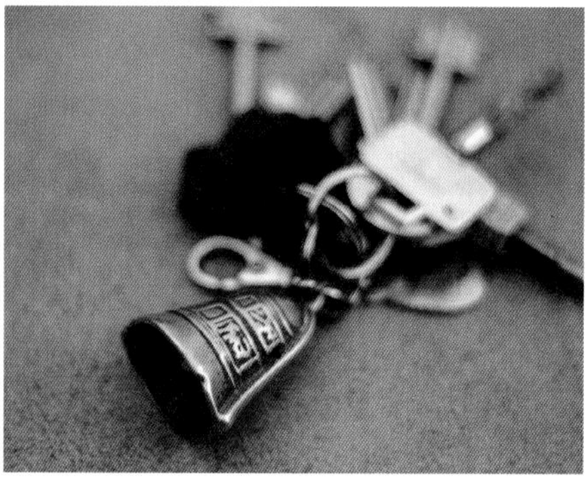

◎34號

（專欄作家／台北市）

Hello Kitty 鬧鐘

國中少女時期迷戀的hello kitty，每次段考完媽媽就會帶我去專櫃選一樣禮物，這鬧鐘跟著我去畢業旅行、去住校、去夏令營……，總之出門應該都會帶著，也伴著我在異鄉北國讀書好幾年，上頭裝飾斷了又黏、黏了又斷，讀書放在書桌前、睡前移到床旁邊，天天無間斷的使用著，一直用到結婚展開新生活，才決定讓她休息。現在就算沒有使用了，還是放在櫃子上，只要看到她，腦海裡浮現的便是粉桃紅的她站在異鄉北國白色的書桌上，書桌靠著亮晃晃大窗、窗前有松鼠跳來跳去的大樹，以及每年冬天長達五個月的銀白時光。

◎毛家駿

（時常在這裡／台北市）

卡式收錄音機

第一次發現：同時按下機器上標著三角和小紅圓點方鍵，可以錄下自己的聲音，是六歲的事情。那個下午，大哥帶著我們唸ＡＢＣ，反覆倒帶聽音頻很不像自己的人說話，是種很奇妙的經歷。9歲的時候，睡前一定要伴著「那一夜，我們說相聲」，跟著唸完：「……拉上小門，套上小布套，大同寶寶擺好。又結束了另一個愉快的夜晚……」才捨得閉上眼睛。11歲的早晨，起床一定是張雨生「天天想你」。30歲的那個晚上，跟著卡帶回轉出的，是當時居住空間的段段回憶：藍綠色方格木大門，打開一定會卡住灰黑磨石子地，發出咯咯的聲音；貼滿各色小圓磚的浴盆，放滿熱水，倒點巴斯克林，是最幸福的沐浴；廚房地板，紅方磚四角嵌著白菱形，樣貌一直深刻清晰。放心底的回憶，延續至今，自釀設計新情緒。

◎賴譽夫

（編輯／台北市）

算盤

印象沒錯的話，外公開設的「勝利電器」是花蓮港第一家電器行（老輩人現仍慣稱花蓮市為花蓮港）。由於經商而與各界多所接觸，因此家中時常出現新奇的玩意，像是花蓮第一台遙控車、第一組鐵道模型等；也因與日本商界時有往來，櫥櫃裡留下了許多當時的物件。

這只算盤是約20年前花蓮老家改建時整理出來的。在營商櫃計仍使用算盤的年代，算盤是企業行銷致送的高價贈品之一。此算盤背面刻寫著贈送者與商品——以蜘蛛印記為商標的「ウエルス商會」、「理正卷縮頭髮」的美髮製品。此一廠商於二戰時已消失，此算盤推算約為80至90年前所用。

老家改建後在儲物的樓層翻看舊照片，時不時會發現過往的物件，這些物件除了探索其來歷之趣味外，也像一把記憶的槌子，敲開家族長輩與我輩之間同度的時光回憶。

◎蘇文淑（譯者／京都府）

鑽石項鍊

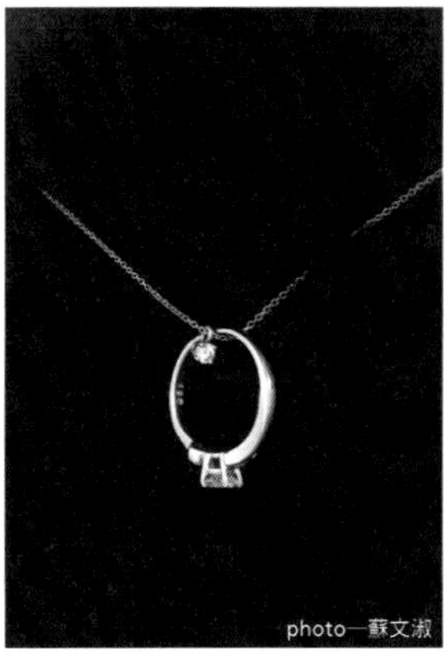
photo—蘇文淑

母親一直很想要一顆鑽石。大約是「鑽石恆久遠，一顆永流傳」的廣告詞鑽進了女人心扉的那幾年吧？母親偶爾叨念：「我也想要一顆……」於是有一年母親節前我走進了蒂芬妮，買下倒數第二顆的小鑽。

回家後，讓母親把項鍊戴在胸前，母親又驚又笑：「你看得見嗎？這麼小，根本看不見嘛！」說著說著，眼角滴下了一顆晶瑩的淚鑽。沒多久後，母親自己發狠買了只鑽戒，依然是儉樸的款式。那只戒指直到她過世前一直戴在手上。如今，我把戒指跟當初送她的小石頭一起串在頸項上，我覺得那戒指裡流轉的是母親身為一個女人的心情，因此一直很珍惜。

◎Evan Lin（攝影／台北市）

植物盒

當初收的邀稿，著實讓我想了一會，自己有無珍惜的寶物，應該說是有太多珍惜的，從老爸接手的老底片單眼、一個月一次朋友間地明信片寄送，不知不覺也好多年，漸漸變成半年一次或一年一次的分享，回想起來人生裡實在有太多珍惜的物件，或是說，這些所伴隨的情感，讓我們珍惜著這些物件。

最後挑選出，小心翼翼收藏著的植物盒，裡頭包含了好多份心情。木盒（日式便當盒）是帶老婆小孩逛著國外的跳蚤市集所尋獲的，一見到就很喜歡它的樸實；放在木盒裡的植物、石頭，都是出國、旅遊、還有和孩子散步一起尋獲的，有帶孩子到紅豆田梗間採集的豆莢，在神社撿拾的銀杏葉、龍貓的果實（殼斗科?!），伴隨著時間，木盒裡的東西越來越多，心裡珍惜的回憶也就更多了。

◎羅家芳（小器生活道具／台中市）

荷蘭台夫特藍色房子小酒瓶

以荷蘭台夫特藍色房子作為小酒瓶，是荷蘭皇家航空送給商務艙客人的小禮物。

15年前我和姊姊兩個女生前往英國15天，進行了人生中第一次自助旅行，帶著緊張又雀躍的心情搭上了荷蘭航空。一上機，戴著眼鏡和大大微笑的黑人男座艙長直接過來跟我們打了招呼！吃完飯他邀請我們去參觀駕駛艙，黑得深邃夜晚天空和閃閃發亮星星不真實的映入眼簾，那時他送了我們藍色房子小酒瓶作為禮物。鼓起勇氣踏出第一步看世界的回憶，全部收在藍色酒瓶裡越沉越甜美。

photo—Yu-Fu Lai

製造者與使用者之間的橋樑

器之手帖

知名日本器物專家

日野明子 ——撰作

《器之手帖》是「記載創作器皿之人的手帖」。
了解每個器皿背後都有自己的故事，
就會發現接觸器皿其實很有趣。

〈1〉茶具 ——

〈2〉食器 ——

料理家細川亞衣的私房食譜⑯

義大利日日家常菜

亞衣抱著孩子時
臉上會浮現
工作時看不到的溫柔神情。
那是母親的容顏。
她的笑容已經說明
全家人在熊本生活的每一天
有多麼幸福。

料理・造型—細川亞衣
攝影—日置武晴　翻譯—蘇文淑

義大利的南瓜又大又長，瓜肉鮮豔，但吃起來水水的，老叫人生氣。以家鄉盛產的南瓜為傲的安娜肯定也老早就不滿在心了，她嫁得遠，在遙遠的這兒田裡播下了南瓜籽，收成了比自己那圓滾滾的臉蛋還胖嘟嘟的南瓜時，我還記得她笑得神采燦爛。那南瓜做成的義式燉飯跟義大利餃子，就像西西里島燦爛的陽光，長長久久照亮我心。

■材料

南瓜　300克（去掉絲瓤、瓜籽後）
米　1杯
高湯　約1L
奶油　40g＋40g（最後拌用）
帕瑪森乳酪　8大匙
鹽、胡椒

■作法

南瓜去籽、去絲瓤，切成容易煮熟的大小。煮沸高湯，加點鹽巴，放入南瓜塊，轉小火續煮。

南瓜稍熟後，另起一鍋用來煮燉飯，先熱鍋。

小火融化奶油，米不洗，直接倒入鍋內用木匙輕輕拌炒。

灑點鹽巴，把米炒到開始「噗吱噗吱」發出聲響後，倒入高湯，稍微覆蓋過米即可。

湯汁變少後，用木匙像輕拂鍋底似地輕輕攪拌，補充高湯、加點南瓜塊，以中小火續煮。

續煮約15分鐘後，米粒快要接近彈牙程度時，添加的高湯量要減少，磨點胡椒，以鹽調味。

煮至彈牙後，關火。磨一點奶油和乳酪到鍋裡，同時快速攪拌使呈現光澤感。

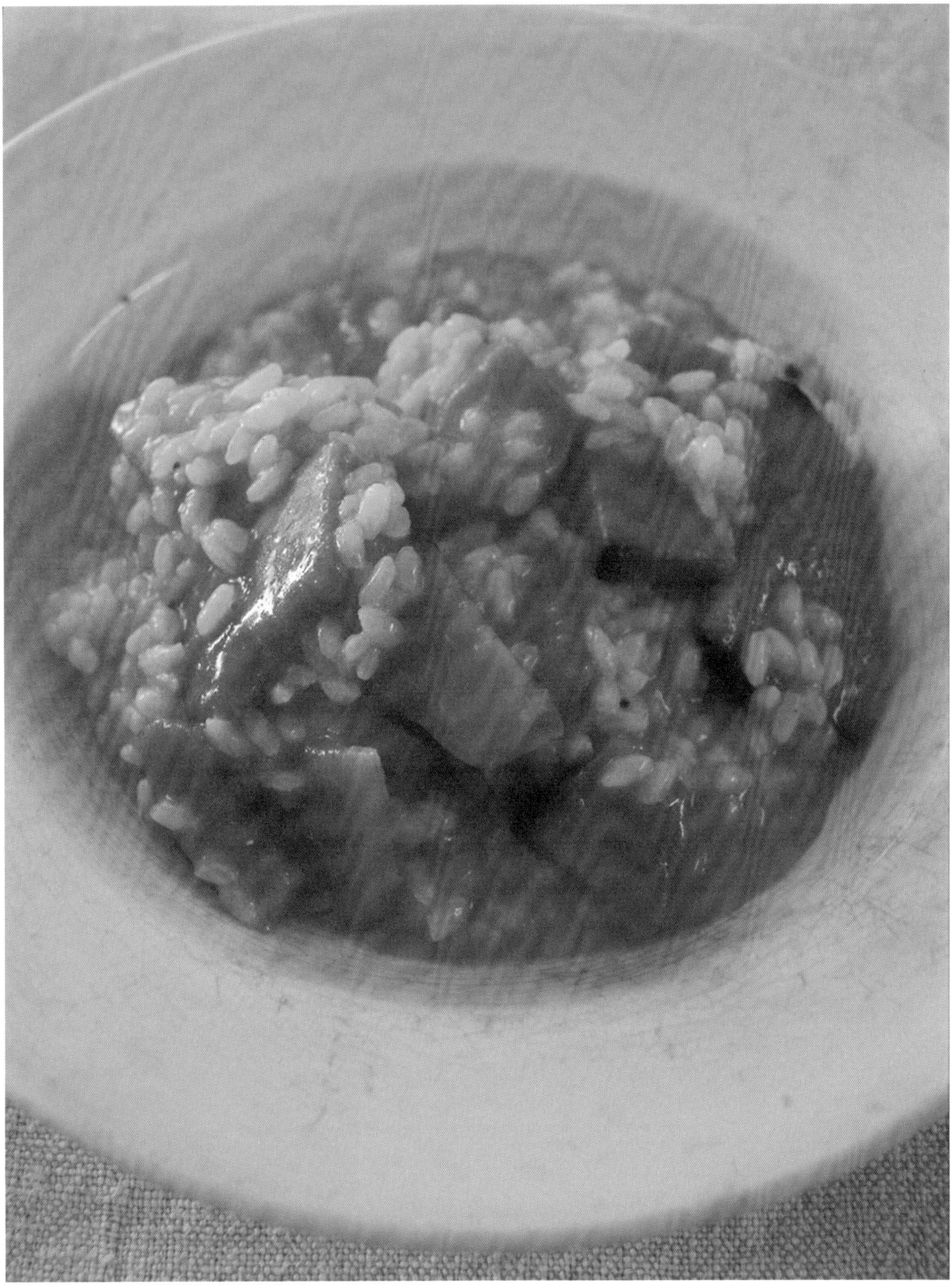

Risotto con la zucca

南瓜燉飯

桃居・廣瀨一郎　此刻的關注⑲

探訪　富山孝一的工作室

梅雨時節來訪，工作室被綠蔭及繡球花給包覆著。

木工作家富山孝一
製作的是保有木頭紋理的器皿，
從事與木頭相關的工作是從木匠開始。
波瀾壯闊的半生之中，
到了三十多歲才走上木工之路，
然而令人不禁覺得，
是這些經驗導引他迎向這份「天職」。

文—草苅敦子　攝影—日置武晴　翻譯—王淑儀

工藝作家在什麼時候遇上創作素材、何種契機之下學到技術，從一個作家的歷史高牆裡探望的這些故事，總是令人那樣引人入勝。每個人的故事不同，有多少作家、工匠就有多少故事。然而在這為數龐大的故事之中，恐怕沒有人像富山孝一如此風風雨雨。

設於橫濱寺家町的工作室，因在市街化調整區域裡，四處可見樹林、田野。5年前他與一同製作家具的伙伴們於此設立「木工公寓」，而富山以器皿為創作主題的工作室也在其中。然而一路走到有這間工作室為止，並非一帆風順。

富山20歲時開始工作，是電腦工程師，過了兩年每天都要面對電腦的日子後，突然轉去做高空作業人員、貨運司機等純勞力工作的零工，25歲時又到澳洲去打工渡假。對衝浪也有興趣的他考取潛水教練的執照，正當他決定要去塞班島工作時，建築公司問他要不要去工作，於是他又改當木工。

「本來當木工就是我的夢想。」富山說。他到加拿大研習了2×4工法（框架工法）後回來成為一名木工開始工作，但才過一年半就離開那家公司的那個職位。28歲左右又跑去當潛水教練，過著往返伊豆與東京的生活。

「我雖然很喜歡大海，但是每天只講課的日子總讓我感到不滿足。」

有一天，他終於得以拜入他所崇敬的木工師傅門下，當了兩年的學徒，才剛出師沒多久便感到身體不適，去醫院接受檢查發現患了重大疾病，這時他所經手的案子還差三天就要完工了。他緊急入院接受手術治療，之後又不斷地復健與檢查，一年後又復發，經過第二次手術之後才根治，據說能夠這麼快就復原已經是奇蹟。

雖然放棄了再回去當木工，但無論如何

大大小小的器皿套疊著，形成一圈圈的波紋。

固定在旋轉盤上的木材，以旋削用的刀刃磨削，慢慢削出器皿的形狀。富山愛用的刀具是英國製的。

雖然看得出是以老練的手法在磨削木頭，但是猛然四處噴發的木屑還是讓站在一段距離外見學的我們無法放鬆，忍不住屏氣凝神。

木製的燈罩也是富山的作品。造型雖簡潔，（木頭的質感）讓光線帶給人更多的溫暖感受。

無法割捨「想要做與木頭有關的工作」這樣的想法，於是開始到東京上木工課，學習以不使用釘子，只讓木頭與木頭彼此接榫的傳統工藝──「指物」的手法來製作家具。畢業後與在課堂上認識的年輕伙伴們一起組成了現在的這個工作室，開始製作家具。在訂單還很少的時候，也會接一些以前在做木工時代的老客人要改裝房子的案子。大約是在這個時間，開始參加市民藝廊舉辦的團體展，展出家具及木製器皿，隔年首次參加松本工藝展，主要展出器皿，此後的四年間，每年都參展。

「在工藝展上能直接與客人、其他創作者對話，我覺得很有趣。」只要講到工作、木頭就顯得特別有活力的富山，向人學得製作家具、塗漆的技術後，現今主要創作的器皿都是自己摸索出來。當然，失敗或是受傷的情況也不少。

「基本的技術學自他人，之後再獨學、加進自己的想法，這就是富山的風格。」廣瀨一郎說。一旁的富山點頭附和：「基礎是起步必需的，得先親身體驗才行。我會製作器皿也可說是因為受到喜歡器皿的朋友影響。」

本來是潛水學校時的學生，後來成為他的妻子的由佳自婚前就從事北歐雜貨、器

「12月」
橫濱市青葉區鐵町1265
http://www.12tsuki.com/

這家小店除了展售富山及日本全國各地創作家的作品之外，也陳列富山由佳選品的民藝品、舊雜貨等。

店內的器具、裝潢都是由富山親手打造，在這間有家的味道的店裡，夫妻倆與廣瀨一郎開心地談天。窗外占地廣闊的竹林是當初決定要租借此屋的關鍵點，一到春天就會長出很多竹筍。

皿的進口，並在網路上販售。在上木工課時代，由佳向他訂製的核桃木砧板至今仍是暢銷商品。現在他們在自家經營一間叫「12月」的小店。

器皿的種類有椀、盤等非常多種，但是以最後上漆或使用草本染料的物品為主，這些都是可以保留並襯托木節、木紋之美的手法。同時，也有不少器皿是將彎曲變形、破掉的木材拿來廢物利用做成的。

因為碰上大病而促使富山孝一去思考人生、命運，說不定也是因此讓他更受到木頭、大自然的吸引。「雖然他的病不能說是『大難不死必有後福』，但是因為有這麼多的轉折，富山孝一才能遇到木工這個最適合他的天職吧！」廣瀨一郎的語氣聽起來，似乎也很為富山孝一能夠遇見木工這個工作而高興。

富山孝一
Koichi Tomiyama

1968年生於神奈川縣川崎市。經歷過電腦工程師、潛水教練、木工等職業之後，學習指物，成立家具製造工作室。之後獨自摸索、開始製作木製器皿。2006年起開始參加團體展、舉辦個展。2010年冬天與成田理俊於「12月」（橫濱）舉辦雙人展。

傾聽木的聲音，延續木的生命

文—廣瀨一郎　翻譯—王淑儀

將木製器皿拿在手中，溫柔地撫摸，在生活中不斷地使用，便可以聽到它與無機質的土或金屬、玻璃製器物不同的微妙聲音。木頭是有機、有生命的素材，木節、木紋的顏色之中仍保有著生命的痕跡，從那兒傳遞出其他素材所沒有的溫柔與溫度之聲，而富山傾聽著木的聲音，聽它述說生命。

右起
■栗木草本染色角皿
265×390×高25mm
■核桃木砧板
185×305×高25mm

經過一場大病之後，可以感覺到富山為不經意就溜走的每日生活賦予了無可取代之感。為了能夠繼續接觸做木匠時所體會的木之豐美，又再去研究製作器皿。眼前所見的這一排器皿，使人更珍惜理所當然的日常生活。它們並不會大聲嚷嚷，而是以小而清楚、透徹的聲音發聲。原來有這樣貼近木材，並思考如何讓每塊木材的生命延續下去的創作者。

右起（長度）
■黑胡桃木托盤
直徑310×高30㎜
■橡木草本染色平盤
直徑235×高25㎜
■橡木深盤
直徑210×高20㎜

桃居
東京都港區西麻布2-25-13
☎+81-3-3797-4494
週日、週一、例假日公休
http://www.toukyo.com/
廣瀨一郎以個人審美觀選出當代創作者的作品，寬敞的店內空間讓展示品更顯出眾。

器之履歷書❺

三谷龍二（木工設計師）

紅木小缽

文・照片—三谷龍二　翻譯—王淑儀

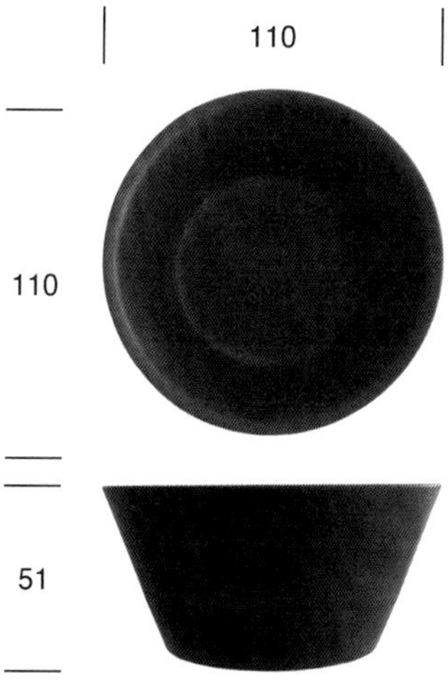

材質→紅木　塗裝→拭漆

八寸托盤及筷架是神代胡桃木，筷子是紅木製。小缽中盛裝的料理是水煮雞胸肉拌酸奶油加黃芥茉籽。

這是以前買的紅木所做的。現在由於原產國已經禁止輸出，很難再得到，是很貴重的木材。但也促使我慎重思考該如何處理這樣的木材才好。木材加工跟捏陶土不一樣，一削就成了木屑廢棄不能用，所以我希望能夠盡可能地減少丟棄的部分，但也不可能都不切，做成厚重的作品就會缺乏韻味，最終為了降低損耗，要不切得很薄，要不就做小物件。這一切的思慮都是因為浪費這樣的材料實在太可惜。

紅木與紫檀同種，又被稱為紫檀、黑檀、鐵刀木（暹羅槐），自古以來就被視為珍貴的樹種。顏色為黑中帶紅，十分堅硬、沉重，因而以紅木做的東西即使小卻有十足的存在感，質感好，也有安定感。

我至今都拿它來做小小的立香盤或一些家具的配件等，最主要是因為拿來做更大的物件實在是太浪費了，一直無法放寬心這麼做。不過紅木的黑與漆器的黑又不大一樣，是很有魅力的暗紅色，胡桃木同樣是黑色系的木材，又完全不一樣。小氣如我，會咬牙決定用紅木來製作器皿也是因為無法抵抗這樣的魅力。小缽的口緣雖磨得很薄，觀看時邊緣的俐落切口令人心情愉悅。我想是因為使用了紅木這種堅硬、有細緻密集紋理的木材才會有的效果。

還有最後的裝塗不上油，而是上漆。以拭漆法最後塗裝時，橡樹、櫻樹等容易顯現出木漆的深褐色，整個風格就會偏向民藝風或是和風，所幸原本是黑色的木材就不會變成和風調。以拭漆法上漆也不會失去自然的感覺，這點也深得我心。

說到小缽，最先浮現的影像是去居酒屋點了飲料後，最先上的小菜就是用小缽裝的。本來是「讓您等待的時間，先上點簡單的下酒菜」這般體貼心意，然而時至今日我三番兩次感受到這形式已經成了公式化，再也感受不到任何用意。學生時代，我去已出社會的學長家中拜訪，他太太在晚餐完成之前，以小缽端出的下酒菜令我難忘，那是作妻子的，為了招待來拜訪丈夫的年輕客人所準備的小小體貼之心。

沒錯，小缽是用來裝少量卻十分美味的料理所用的器皿，不能因為東西美味就裝得滿滿的，而是只盛裝一點點。大家一起吃飯時用大盤子，一個人享受時用小盤或小缽，不同的用餐情況，適合的器皿也會隨之變化。

如果哪天提早在傍晚回家，以小缽裝了一點小菜，準備一杯冰鎮清涼的啤酒，一同端到陽台，乘著晚風喝一杯，對忙碌的現代人而言，應該是十分難得的時光，不過這也不需要特別做什麼，只是花點心思準備，就能夠成就這麼一段極為幸福的時間，我想，器皿帶來的快樂就在於此吧！

（此回開始將不介紹器物製作的過程，而改成談談製作的動機或與動機相關的議題、使用方法等。）

連載—飛田和緒帶你做日本各地的料理④

北海道的地方菜

文—飛田和緒　攝影—廣瀨貴子
翻譯—蘇文淑

蜜糖栗茶碗蒸

我在北海道札幌出身的朋友家裡，吃到了一道加了蜜糖栗的茶碗蒸。問了後發現，原來北海道的茶碗蒸時常會加栗子，有傳統節日或喜慶時也常做這道佳餚。

這道茶碗蒸裡只有蜜糖栗散發出微甜的滋味，高湯則是鹹的。朋友說他小時候很討厭這道菜，又甜又鹹，可是長大後反而覺得很好吃。

■材料（4人份）

鮮香菇……2朵
鴨兒芹……適量
雞腿肉……約60g
高湯……2杯半
薄口醬油……少許
鹽巴……1／2小匙
雞蛋……3顆
蜜糖栗*……4顆

①鮮香菇片薄、鴨兒芹切碎、雞腿肉切小塊，跟栗子一起放入耐熱容器裡。
②將調味料加入高湯裡拌勻、放涼。打蛋、加入高湯拌勻後過濾。
③將②緩緩倒入①的容器內，放在已經煮滾發出蒸氣的蒸鍋裡，用大火蒸煮個2～3分鐘後，轉小火續蒸15～20分鐘左右。

*譯註：原文為栗甘露煮。甘露煮是用醬油跟大量的糖、料酒熬煮食材的煮法，可以煮得油亮，甜中帶鹹。

我曾經吃過禮文島的漁民用新鮮的魠魚做成的北海道鐵板燒「鏘鏘燒」*，好吃得令人吮指難忘。肥美的魠魚、鮮甜的蔬菜，組合出了豪邁的北國美味。那一次後，我才發現原來鏘鏘燒不一定要用鮭魚做呢！

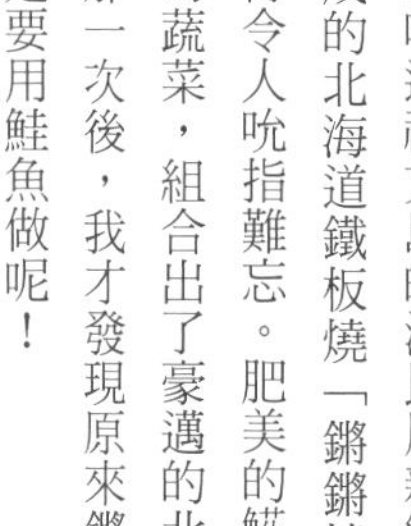

■材料（4～5人份）

半片鮭魚或切片鮭魚……4、5片
鹽……適量
高麗菜……小顆的半顆
紅蘿蔔……1根
鴻禧菇……半盒
味噌醬
　味噌……1杯
　酒、味醂、砂糖……各半杯
　醬油……2大匙
　豆瓣醬（隨喜）……適量
　薑、蒜……各1瓣
沙拉油、奶油……各約2大匙

①鮭魚抹鹽、蔬菜切成容易入口的大小。
②把所有製作味噌醬的調味料拌勻。
③把鮭魚擦乾，熱鍋下油，擺入鮭魚。鮭魚上頭蓋滿蔬菜，讓鮭魚被蒸熟。一直蒸到蔬菜熟軟之後，把味噌醬淋上去，再加入奶油，全部拌勻即可。

*譯註：ちゃんちゃん焼き。

美味的一餐，從高湯開始

高湯物語

隨著簡單方便的食材不斷推陳出新，總讓人擔心那些重要的、美味的東西是不是會從此消失。將柴魚刨片製成的高湯，是日本家庭料理中不可或缺的存在。我想在此重新認真看待所謂的高湯。

文—高橋良枝　攝影—廣瀨貴子
翻譯—徐小為

背節

也稱雄節。是將鰹魚片成5份後，用魚背部分製成。脂肪較少，能夠削成漂亮的片狀，具有類似深紅色寶石的透明感，顏色及香味都是最頂級的。

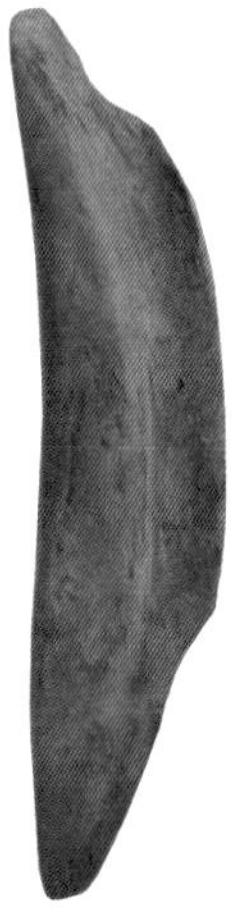

腹節

又稱雌節。用鰹魚的腹部製成，因為脂肪較多，刨削時容易變成粉末，但能做出味道甘醇深厚的高湯。美味程度不輸背節，可依照料理需求選用。

龜節

因外型像龜甲，被命名為龜節。直接將2.5kg以下的鰹魚對切後製成柴魚。寬度較寬，容易抓取，但刨削時較難刨成美麗的紅色柴魚片。

製作燉煮料理或湯類的時候，高湯是最重要的關鍵。料理首先要從高湯開始。雖然現在已經有現成的柴魚片可供使用，但在家中刨削的柴魚，香氣和美味則又更上一層。

柴魚不只被用來熬煮高湯，也經常放在淺漬青菜[*1]和蘿蔔泥上增添風味，或混在白飯裡作成飯糰，另外還有柴魚鬆或柴魚煮[*2]等，各種料理都有柴魚片登場的機會。

柴魚的原料是鰹魚。將鰹魚片成3片後，沿著中央被稱為「血合」[*3]的深紅色部分對切製成的是稱為「本節」的柴魚。本節背部被稱作「背節」或「雄節」，而腹部則稱為「腹節」或「雌節」。單純只片成3片製成的柴魚叫做「龜節」。

將片好的鰹魚煮熟、煙燻乾燥後的成品稱為「荒節」，之後再經過發霉程序，稱之為「枯節」。從新鮮的魚肉到製作成柴魚需經過十種以上的程序，花4～6個月，若是柴魚中等級最高的「本枯節」，據說則需花一年以上製作，是需要下一番工夫的日本特有食材。

柴魚的鮮味是在麩醯胺酸及肌苷酸作用下發揮的相乘效果，有許多成分相互產生複雜的作用，使柴魚散發出獨特的香氣。常見將兩根柴魚互相敲擊，會發出清脆的聲音，刨削成片時則會呈現有如寶石般的深紅色。

我用愛用的刨刀台刨了背節的柴魚片。這個刨刀台已經是第二代了，下定決心買了桐木製的，既輕便又可以避免濕氣。我把它放在總是看得見的地方，每天都會使用。

＊1：將高湯以薄鹽或薄醬油調味後直接以此為底，蔬菜燙熟，浸泡於高湯中使其入味後食用，或清燙後再以醬汁調味。

＊2：柴魚煮，一種以醬油及砂糖製成滷汁，加入柴魚片燉煮的料理方式。常見以蒟蒻、竹筍、馬鈴薯等作為主要材料，食用時也與柴魚片一起享用，也稱為土佐煮。

＊3：位於魚類背部及腹部交接處的深紅色魚肉，含有較多血紅素。

柴魚片的種類與使用方式

鮪魚柴魚片

輕薄剔透的美麗柴魚片。滋味優雅，顏色和鰹魚柴魚片相較之下更具透明感，是高級的熬湯名物之一。可以煮出帶有微微甜味的高雅高湯，用來製作頂級的湯類料理。

中鰹柴魚片

和特上鰹相比，味道及顏色都稍微更濃厚一些，適合一般家庭製作燉煮料理使用。這種柴魚片還能用來製作蕎麥麵的醬汁，推薦常備家中以備不時之需。

特上鰹柴魚片

選用特別優質的枯節刨削而成的柴魚片。香氣及味道都是極品，能熬出滋味極佳的高湯。湯水一經煮滾後香氣及味道都會變差，因此熬煮高湯時請務必注意不要使其沸騰。

我原本以為柴魚片的種類只有鰹魚和鯖魚而已。有一天，常去的壽司店端出了一只小木碗，裡頭裝著清湯，上面只飄著一些細蔥。

「這是試做的湯，請喝喝看。」

明明只是濃郁高湯的味道，怎麼會這麼好喝！而且滋味還非常高雅，這到底是什麼？

「這是用鮪魚和沙丁魚的柴魚片熬的高湯，只用一點鹽調味而已。」主廚笑著回答。

鮪魚和沙丁魚的柴魚片？還有這種東西？腦袋裡飛快轉著各種訊息。

柴魚片的世界似乎也很深奧。我們去拜訪主廚介紹，位於築地市場外，名為「松村」的柴魚專賣店。

店頭擺著幾個大箱子，裡面裝了各式種類的柴魚，整齊地排成一列。光是鰹魚柴魚就由特上開始分成好幾個等級。

而且這裡果然有鮪魚的柴魚片，是剔透中帶點淺膚色的美麗柴魚片。

「鮪魚的柴魚片煮出來的高湯味道非常優雅，比鰹魚柴魚顏色更透明、乾淨，對味道很挑剔的餐廳老闆都很喜歡。沙丁魚或鯖魚的柴魚片風味就比較特殊，但加上鰹魚或鮪魚的柴魚熬成高湯，便會出現淡淡的甜味。」專務松村茂先生向我說明。

他說，每種柴魚片都有其特色，只要以能讓它們發揮出各自美味及香氣的方式使用就可以

自家刨削柴魚

無論如何都會比市面上削好的柴魚片更厚，因此也能夠熬出味道相對濃郁的高湯。就算直接單吃，鰹魚柴魚的香氣和味道也非常顯著，所以非常推薦加在燙青菜和涼拌豆腐上一起享用。

鯖魚柴魚片

香氣和鰹魚柴魚相比稍顯微弱，但可以熬出濃郁甘甜的高湯。混入鰹魚高湯後，可以作成後勁濃醇的蕎麥麵醬汁，也很適合加入根莖類的燉煮料理。

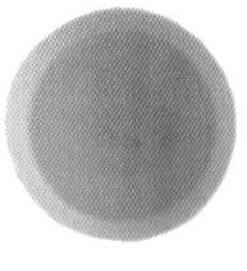

沙丁魚柴魚片

直接單吃也甜甜的非常好吃。加在洋蔥絲或涼拌豆腐上，會散發出一種和鰹魚柴魚截然不同的存在感。和鰹魚柴魚片一起熬成高湯，便能品嚐到沙丁魚的鮮美甜味。

了。若知道如何充分運用柴魚片的美味，料理的手藝好像就更上一層了。

可以製成柴魚的魚，以鰹魚為首，有鮪魚、扁花鰹、鯖魚、圓鰺（硬尾魚）、沙丁魚等。將這些魚類製作成枯節，並在店面販售每日現刨的柴魚片。

香氣可說是柴魚片的生命。柴魚片接觸空氣之後會開始氧化，味道和香氣都會逐漸喪失，購買後在一週內使用完畢是最恰當的。如果想要存放，建議放入真空密閉保存袋中，將空氣徹底抽光，再冷藏或冷凍保存。

「鮪魚或鰹魚的柴魚高湯絕對不能煮到沸騰。只要遵守這個原則，其他的做法稍微有點不同也不成問題。」

等水沸騰後關火，再放入柴魚片、或是在沸騰過的水加入冷水後，再放入柴魚片等，每本食譜做法不同。

我是在水沸騰後就把爐火轉小，維持在不會沸騰的程度，放入柴魚後約數10秒就關火。等到柴魚片沉到鍋底後再瀝掉，最完美的高湯就完成了。雖然也有加入昆布的熬法，不過如果是自家平常煮飯要用到的話，我認為鰹魚柴魚片煮的高湯就已經夠美味了。

如果是用在蕎麥麵醬汁裡的鯖魚或沙丁魚柴魚片，以小火煮數分鐘，便可以將其精華徹底熬出，煮出濃郁而美味的高湯。

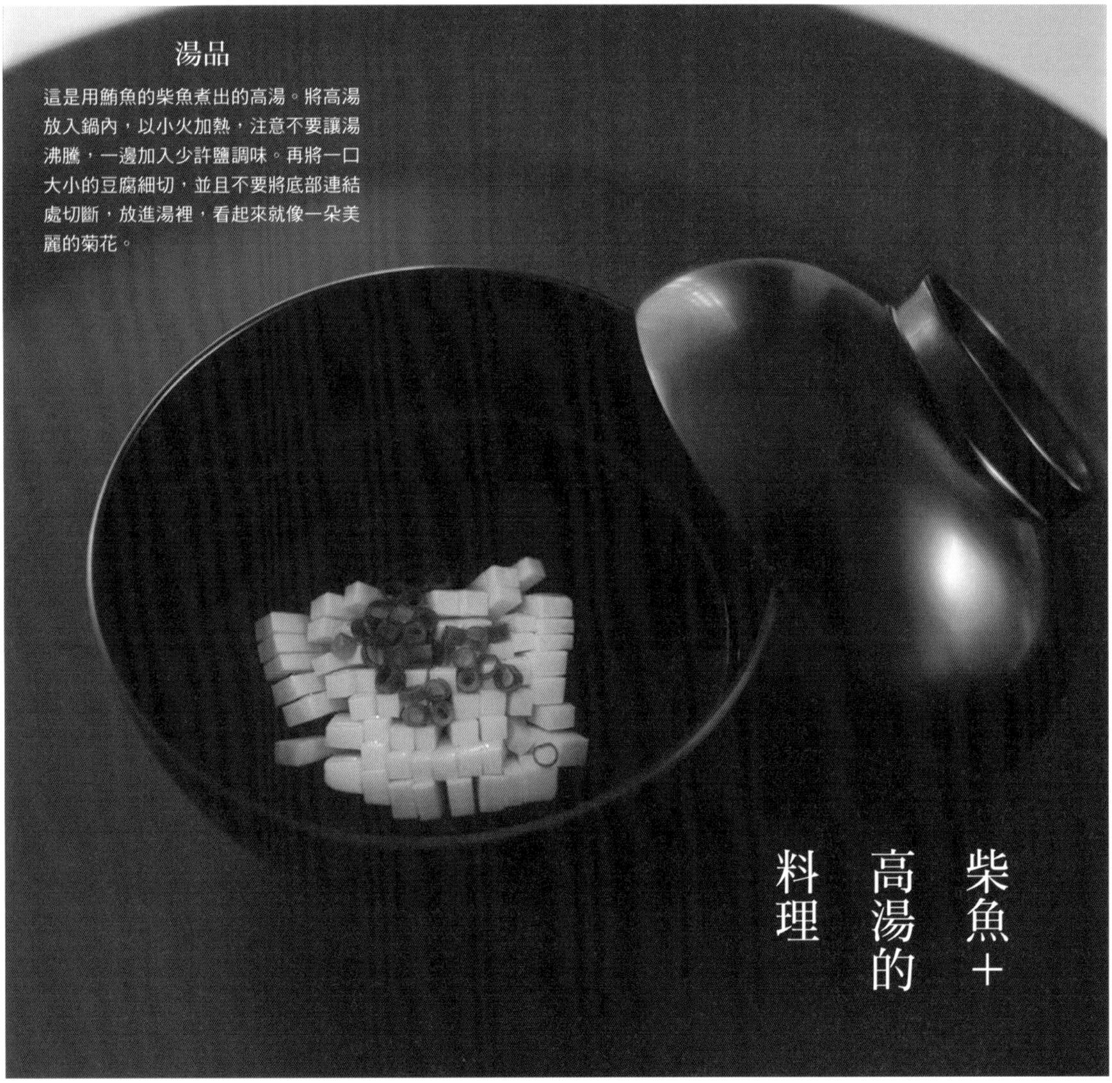

柴魚+高湯的料理

湯品

這是用鮪魚的柴魚煮出的高湯。將高湯放入鍋內，以小火加熱，注意不要讓湯沸騰，一邊加入少許鹽調味。再將一口大小的豆腐細切，並且不要將底部連結處切斷，放進湯裡，看起來就像一朵美麗的菊花。

說到廚房的聲音，浮現在我腦海中的是刨削柴魚時的「咻咻」聲。我記得小時候家裡煮飯，都是從刨柴魚片開始的。

雖然熬一般高湯時用現成的鰹魚柴魚片，不過如果希望食物裡也能滷進柴魚美味時，就會認真地親手刨柴魚熬高湯。

因為平常用的幾乎只有鰹魚柴魚片，我還是第一次用鮪魚、鯖魚、沙丁魚的柴魚片熬湯。因此迫不及待地開始挑戰。

鮪魚的柴魚高湯顏色非常透明，味道也很清爽。我把豆腐切成菊花的樣子，為了避免影響到高湯優雅的色澤，只加少許鹽巴調味。喝的時候能感受到高湯的些微甘甜，完成一碗完美的湯品。

至於美味程度完全取決於高湯的浸漬青菜，我決定用萵苣來一決勝負。把萵苣炒過後再浸泡在高湯中，吃起來和生吃時的口感不太一樣，可以一口氣吃很多。如果買了一整顆萵苣不知如何處理，我很推薦這種料理方式。

柴魚煮的話，我會使用剛削好的鰹魚柴魚片。假如剛好是竹筍的季節，最具代表性的當然是竹筍的土佐煮，不過蒟蒻或紅蘿蔔也很適合作為柴魚煮的材料。燙拌青菜除了葉菜類，扁豆或蘆筍也很適合。

燙蘆筍

先用削皮器將蘆筍前端的硬皮削掉。整根放入滾水中，燙熟至自己喜好的硬度。之後再切成好入口的長度，盛盤，上面撒上柴魚片。

胡蘿蔔柴魚煮

將削皮後的胡蘿蔔切成厚5mm的圓片，加入適量的鰹魚高湯、酒、砂糖及醬油後開始熬煮。等到胡蘿蔔變軟，就可以加入刨好的鰹魚柴魚混合攪拌。

浸漬萵苣

用手將萵苣撕成適當的大小，再以滾水汆燙。之後用柴魚熬煮的高湯調成較為濃厚的味道，放入瀝乾水分的萵苣，稍待片刻後即可食用。

築地場外市場
鰹節的專門店・松村

(株)松村
東京都中央區築地6-27-6
☎ +81-3-3541-1760

右起為社長、專務，以及長年在此工作的婆婆。

補充剛刨削好的新鮮柴魚片。

松村的店頭前排著依種類不同分別放入木箱的柴魚片。

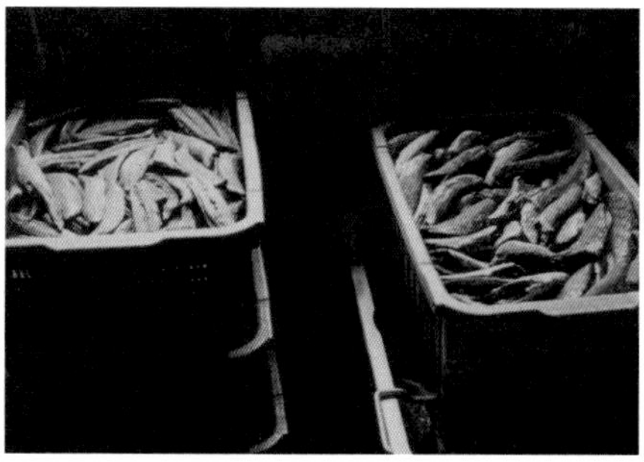

將霉洗去，準備製成柴魚片的鰹魚柴魚與鯖魚柴魚。

築地場外市場有好幾家柴魚專賣店。正在猶豫到底要去哪一間時，我喝到「鮨・山沖」壽司店的山沖先生煮的湯。聽說他常去光顧的店就是「松村」。

「松村」位在場外市場最靠海的位置，離波除神社不遠的海幸橋旁邊，非常好找的地方。店面的一角排列著放滿柴魚片和柴魚的木箱，新鮮現刨的柴魚片散發美味的香氣。店裡有許多架式十足的店員，真不愧是築地，連人都如此朝氣蓬勃。

山沖先生的高湯，是使用鮪魚和沙丁魚的柴魚熬出來的。雖說都是柴魚片，但使用的魚種不同，外觀、香氣和味道也會完全不一樣，讓人不禁覺得大開眼界。

專務松村茂先生將一小撮沙丁魚的柴魚片攤平在手掌上讓我看。直接試吃的話，可以嚐到微微的甜味，有著和鰹魚柴魚不同的樸素香氣。

「在白飯上放上這種沙丁魚柴魚片，稍微淋上一點醬油再吃，也非常美味噢。」築地長大的江戶子弟，不只口齒清晰，整個人的氣度也很大方。

「松村」是在1926年，由松村茂的曾祖父松村良太郎創業，開始在日本橋室町做起柴魚中間批發商的生意。現在松村茂的叔父是第四代的社長，是間擁有75年

鮪魚的柴魚片伴隨著美味的香氣從削片機中傾瀉而出。

歷史的柴魚專賣店。

雖然松村的主要客群都是專業的廚師，不過柴魚片販售的量從200g開始起跳，一般人也可以購買。不過，早上11點以後差不多就要開始收店了，如果不趕在11點前去，就買不到了。

松村販售的柴魚片是用店內的削片機隨時刨削，基本上都會在當天販售完畢。如果早點去，就有機會可以看到剛從削片機削好的新鮮柴魚片呢！

這裡有鮪魚、鰹魚、鯖魚、沙丁魚等刨削前的柴魚節，都是一些我們平常很難親眼看見的珍貴柴魚，好像也可以說是魚的木乃伊，黑黑的、硬硬的，形狀相當不可思議。這些柴魚節通過削片機後，就會變成充滿香氣、色澤美麗又薄透的柴魚片。

好香！感覺好好吃的味道！當我這個外行人像這樣感動不已的時候，松村茂說：「柴魚的味道非常重，關店後要出門的話，不先洗澡味道是不會散的。」

也許正是因為是經過眾多步驟和程序製作出來的柴魚，味道和香氣才會強烈到無法輕易消失吧！

公文美和的攝影日記⓭

美味日日

令人開心的服務

高橋總編輯的
佛卡夏

楊梅

蜂斗菜

咖啡時光

過篩抹茶

早上就開始吃櫻桃

拍攝的午餐

可喜可賀

咖啡廳的庭院

果然是日本

老酒的酒杯塔

理想的家

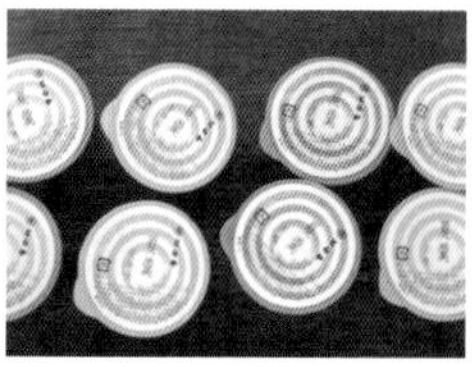

拍攝的點心

挑戰碎肉

夏季之前的雲

牧野植物園

夏天的庭院

休息一下

夏天的庭園

草屋

拍攝的午餐

拍攝的午餐

旅行的早餐

很棒的店

旅行的早餐

紅蘿蔔的葉子

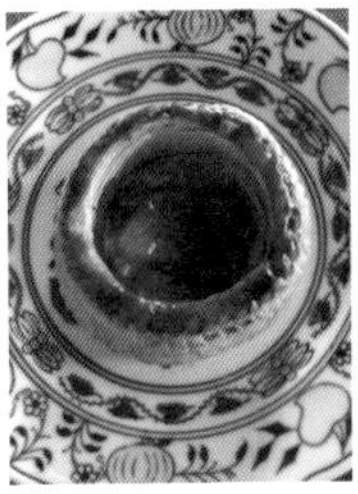
下雨天要吃派

好想再去一次

炒高麗菜

好喜歡桃子

炙烤鰹魚

夏天的庭院

冰淇淋最中

造型師的緞帶盒

六本木HILLS

竹筍飯

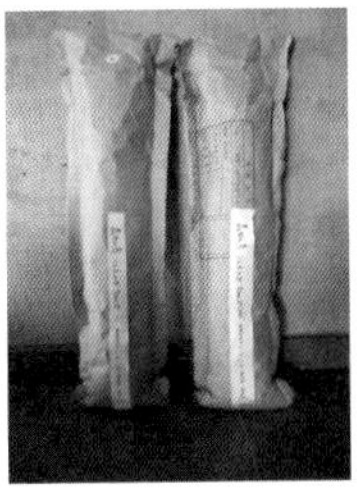
高知的米袋

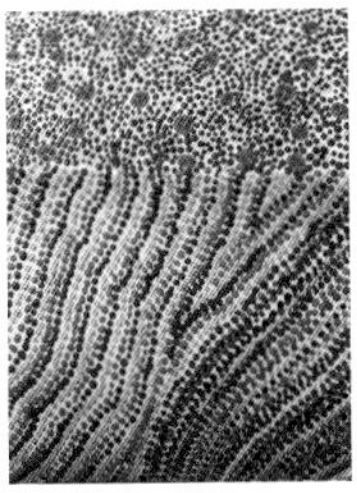
車子的塗裝

海邊的植物

喜歡在這裡喝茶

只有馬卡龍的外皮

拍攝的午餐

山好棒啊

旅行的早餐

是蘇打水嗎？

鱒魚壽司

漂亮的店內

拍攝的午餐

Vegiko農園的各種番茄

高麗菜

竹筍的壽司

造型師的繪本

印度咖哩

在日本橋

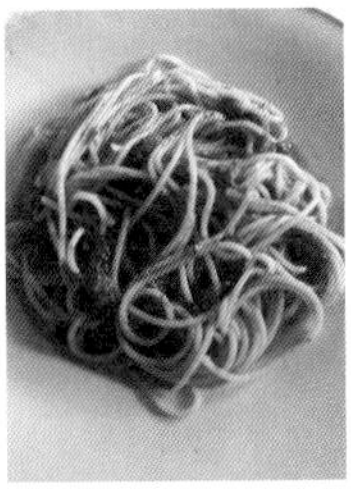
總是點蕃茄口味

蘋果花

嶺貴子的生活花藝

跟著嶺貴子老師上山採花去

或許有眼尖的讀者已經發現，
嶺貴子老師在日日示範的生活花藝裡所使用的花草，
很多都不是一般花店會看得到的植物。
這期，特別請嶺貴子老師在冬日某天的早晨，
帶我們到她經常去採集植物的農園，
看看她平日的工作樣貌。

示範—嶺貴子　攝影—Evan Lin　文—Frances

沒有農藥、不刻意修剪的植物，花朵開得特別茂盛。

車子穿過市區，開上蜿蜒的陽明山小路，到達農園（野蔓園）入口時，一隻棕黃色的大狗從小坡上向我們跑過來。狗兒並沒有吠叫，只是繞著我們嗅聞、打轉。除了一個主要的坡道，農園裡並沒有很明顯的「道路」，甚至可以說，任由各種植物纏繞生長的這個地方，與印象中的「農園」有很大的不同。

幾年前，嶺貴子老師在花市發現一攤賣著各種少見的香草植物，追問老闆才知道，那些植物都是來自這個農園。於是某天自己搭計程車上山來拜訪，結果因為太偏僻，平常沒有計程車會上來，要回去時只得央請農園主人亞曼用他那輛破舊的小貨車載她下山。後來不斷來拜訪，也和農園主人亞曼成了朋友，可以在這裡自由摘取植物。

農園主人亞曼以樸門的方式模仿自然生態在這裡實踐自給自足的生活。這裡所種植的植物，全部都是無毒可食，看似野草的植物，可能是某種香草植物呢！

嶺貴子老師在農園裡穿梭來去，觀察植物的姿態，剪下所需的枝枒，不時轉頭告訴我們：「這葉子很香吧？這是甜

在農園裡跟著我們四處走動的看守貓，身手矯健，一下子就跳到樹上了。

將農園裡的植物綁成了花束，所有植物都可食用，收到這束美麗又美味的香草花束的人，一定會非常開心吧！

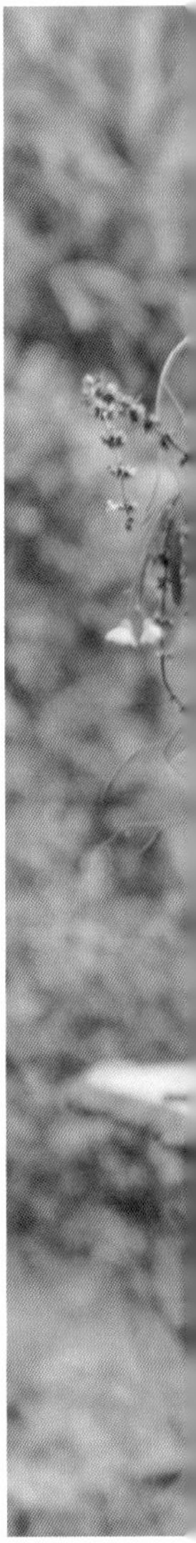

羅勒。」或是指著遠處結實累累的農田：「那是麥子。」

在白梅淡淡的幽香中，我們不斷為眼前所見的各種植物樣貌感到驚異。被蟲啃得幾乎沒有完整葉片的橘子樹，開著白花的同時，卻也已經長出部分綠色果實；藏在一片藤蔓中的百香果，果實飽滿。長在矮處的旱金蓮，紅色的花朵嬌豔動人，而且還可以當作沙拉菜。

在這個生機蓬勃的農園裡，透過適量的摘取，嶺貴子老師將來自大自然的贈禮，帶回了都市裡，經過巧手設計與安排，讓這些植物讓我們身心靈同樣獲得豐盛的滿足。

習慣透過資訊得知花季開始的我們，在盛開的梅花樹前，用眼睛、鼻子親自感受到植物帶來的季節感。

嶺貴子
Mine Takako

出生於日本，目前居住台北。專業花藝老師。2013年開設花店「Nettle Plants」。

Nettle Plants

位於生活道具店「赤峰28」一樓的花店。除了販售切花、乾燥花、各式花禮之外，不時也會開設花藝課程。相關開課內容請洽contact@thexiaoqi.com
地址：台北市中山區赤峰街28-3號1樓
電話：02-2555-6969

＊前往野蔓園前，請先與農園主人預約。

34號的生活隨筆⓫

依著時序飲食與生活

圖．文—34號

年末倒數幾天，完成了十數條即將載著我的感謝與祝福予友人的蛋糕，分別包裝後請宅配取走，完成了今年的耶誕季大事。坐在桌前喝咖啡吃著留給自己的那份蛋糕，吸嗅桌上冷杉所組成耶誕氣息瓶插飄散出的松針香氣，忍不住小有成就感地微笑。今年不若過往幾年手綁花圈，因為總想每年有些新花樣，依著時序過生活也要變化趣味。耶誕過了，不到幾天便要迎向新的一年，開始得盤算年末觀賞ＮＨＫ紅白歌合戰要吃的點心水酒，然後，農曆新年就在不遠，年菜料理的食材採買計畫，可以慢慢開始進行，於是今天趁著冬陽暖就先走了趟南門市場，補了些竹笙、火腿、臘腸、扁尖……等可耐放的乾貨，瞧瞧市場裡有什麼可以激發新靈感的品項。

身為住在台灣的現代人，除了循著四季及古人以日照竿影變化將一年分成的二十四節氣外，還加上了各國有趣的節日，一整年依循著氣候、季節、與節日生活飲食，不只是趣味而已，更是一種順應自然。

回顧過去一年四時，我們曾在一月至南投賞梅、二月武陵櫻花正豔、三月在白譪譪的流蘇雪下野餐、五月開車在高速公路上，夾道山坡開滿桐花。接著青梅上市了，把握正當時的梅果蜜漬、釀酒。本產小個頭甜滋滋的五月桃也接著腳步上來，單吃吸吮著甜汁、做成桃紅色的果醬，都好甜蜜。而春末氣溫轉暖卻不炎熱，正適合釀酵素，待轉熱時，酵素已收成，放進冰箱度夏慢慢品嚐。亞熱帶台灣炎夏難耐，在家休養生息閱讀，或是郊山健行吹吹風。夏天也是台灣檸檬產季，蜜漬、糖漬、鹽漬、泡酒，得趁著時節好好利用這些大自然的珍寶。十月美濃甜如梨的白玉蘿蔔、十一月台東的洛神花、立冬補冬補嘴空，冬至左右菜市魚攤便出現隨著烏魚汛而來肥美的烏魚與烏魚膘，煎得噴香的烏魚煮成鮮美的烏魚米粉，起鍋灑上大把蒜苗，這是最道地的台灣冬天家庭味兒，薑汁地瓜冬至湯圓宣告了大家又長了一歲，且一年將盡。

今年仍舊要依著時令生活飲食，多吃本地農產品，關心注意各個產地訊息，支持質優認真的農家，是為了所愛的土地也為了家人與自己。

studio m' 品牌專門店
台北市赤峰街28之3號　赤峰2
02-2555-6969
台中市大容東街15號
04-2310-1797
Quatre Repas
©studio m'

日々・日文版 no.21

編輯・發行人——高橋良枝
設計——渡部浩美
發行所——株式會社 Atelier Vie
http：//www.iihibi.com/
E-mail：info@iihibi.com
發行日——no.21：2010年9月1日
插畫——田所真理子

日日・中文版 no.16

主編——王筱玲
大藝出版主編——賴譽夫
設計・排版——黃淑華
發行人——江明玉
發行所——大鴻藝術股份有限公司｜大藝出版事業部
台北市103大同區鄭州路87號11樓之2
電話：（02）2559-0510　傳真：（02）2559-0508
E-mail：service@abigart.com
總經銷：高寶書版集團
台北市114內湖區洲子街88號3F
電話：（02）2799-2788　傳真：（02）2799-0909
印刷：韋懋實業有限公司

發行日——2015年2月初版一刷
ISBN 978-986-91115-3-9

日日／日日編輯部編著. -- 初版. -- 臺北市：
大鴻藝術, 2015.02　48面；19×26公分
ISBN 978-986-91115-3-9（第16冊：平裝）
1.商品　2.臺灣　3.日本
496.1　　101018664

日文版後記

小時候，口袋裡都會裝著從樹林裡撿到的松果、小石子等。雖然那些東西最後的命運一定是被父母丟掉，但是對我來說那些松果和小石子，在那個瞬間是非常重要的寶物。這一期，我們報導的是任何人都擁有的過往充滿懷念與回憶的寶物。

中村好文的寶物箱是海邊城市大磯的公寓裡的一個房間。大磯與有戰後的首相吉田茂與伊莉莎白・桑德斯兒童養護中心（Elizabeth Saunders Home）的創始者澤田美喜等在歷史上留名者有關之地。但是現在在熾熱的太陽下，是個更顯寂寥的寧靜小鎮。

築地場外市場雖然已成了觀光客的市場，現在更是交織著世界各國語言，出現不同膚色的人。那裡也有很多針對觀光客的壽司店。鰹節專賣店「松村」所在之處，位於場外市場的邊緣地帶，比起觀光客，更多是去買東西的客人，洋溢著市場該有的真正面貌。今後應該也會為了買鰹節而專程去那裡。

（高橋）

中文版後記

在編輯的時候，被幾篇「回憶的寶物」所打動，不知不覺熱淚盈眶，第一次覺得好想讓讀者趕快看到這一期的特集。同時，也一邊在心裡問自己，對自己而言，「回憶的寶物」是什麼？

由於自己平常在家也會用削鰹節的道具來削柴魚片做高湯，對於這期的「高湯故事」不覺得特別新奇（倒是很想去松村買鰹節），但對大部分的台灣讀者來說，可能比較少看到將鰹節與高湯寫得這麼詳細的內容吧？希望在本期推出之後，大家很快就能在台灣買到削鰹節的刨刀台、鰹節，可以在家自己準備高湯了。

每次拍攝「嶺貴子的生活花藝」時，都對那些市場上少見的植物感到驚奇，這次特別與貴子老師一起前往陽明山一座農園，拍攝她平時採集植物的樣子。一早在充滿各種香草植物香氣的農園裡，感覺非常清新。也讓人想在春天來臨之前，研究一下香草植物的種植計畫。

（王筱玲）

大藝出版Facebook粉絲頁http：//www.facebook.com/abigartpress
日日Facebook粉絲頁https：//www.facebook.com/hibi2012